Sitzungsberichte
der Heidelberger Akademie der Wissenschaften
Stiftung Heinrich Lanz
Mathematisch-naturwissenschaftliche Klasse
Jahrgang 1926. 12. Abhandlung.

Felsenmeere und Blockstreuungen

Von

Wilhelm Salomon
in Heidelberg

Eingegangen am 30. Oktober 1926

Berlin und Leipzig 1926
Walter de Gruyter & Co.
vormals G. J. Göschen'sche Verlagshandlung / J. Guttentag, Verlagsbuchhandlung / Georg Reimer / Karl J. Trübner / Veit & Comp.

Felsenmeere und Blockstreuungen.

Von verschiedenen Seiten und auch von mir selbst sind die in den deutschen Mittelgebirgen verbreiteten Felsenmeere für diluvial, und zwar durch Solifluktion entstanden erklärt worden. Andere Forscher sind der Meinung, daß sie durch die heutigen Kräfte gebildet seien und sich heute noch weiter bilden. Ja, es ist behauptet worden, daß sie eigentlich in allen Klimaten entstünden. Ich will nun an dieser Stelle nicht die Literatur zusammenstellen oder gar kritisch behandeln, sondern nur auf einige Beobachtungen hinweisen, die ich in diesem Frühsommer (1926) in Spanien und dank einer Unterstützung der Notgemeinschaft der deutschen Wissenschaft im vorigen Frühjahr in Kalabrien machen konnte. Die kristallinen Gesteine in Kalabrien sind ungewöhnlich tiefgründig zersetzt. Es kommt dort vor, daß neuangelegte Wege, die über Buckel von Granit oder kristallinen Schiefern führen, in wenigen Jahren zu Hohlwegen werden wie bei uns die Wege im Löß. Wenn nun auch Kalabrien im etesischen Klimagebiet liegt und daher die Niederschläge auf einen verhältnismäßig kleinen Teil des Jahres zusammengedrängt sind, so ist doch dadurch die spülende und erodierende Kraft des Regens nicht etwa abgeschwächt, sondern umgekehrt verstärkt. Unter diesen Umständen sollte man erwarten, dort ebenso wie in den klimatisch verwandten Gebieten von Spanien Felsenmeere in den Gegenden zu finden, die aus blockartig verwitternden Gesteinen bestehen, immer vorausgesetzt, daß die Felsenmeere nicht eine Folge der Solifluktion, sondern der heutigen klimatischen Faktoren seien. Statt dessen fand ich an einer Reihe von Punkten, die im folgenden noch genannt werden sollen, zwar blockartig verwitternde Granite und manchmal weite Flächen ganz mit den Granitblöcken bestreut, nie aber die charakteristische Anhäufung der Blöcke in stromartig geformten Felsenmeeren. Die Blöcke waren vielmehr zwar vom Regen aus dem lockeren Verwitterungsmaterial herausgespült, aber dann fast immer, selbst an steileren Hängen ruhig liegengeblieben. Es kommt natürlich auch in diesen Gebieten bei Felswänden oder sehr steilen Hängen vor, daß der Schutt und die Blöcke hinuntergespült werden oder stürzen, so daß sich am Fuße ein Schuttkegel oder eine Fußhalde bildet, eine Erscheinung, die wir ja aus unserem feuchteren Klima in weiter Verbreitung kennen. Aber gerade die stromförmigen Felsenmeere, wie sie im Odenwald im Hornblendegranit des Felsberges oder im Buntsandstein des Königstuhles von Heidelberg auftreten, habe ich nie zu sehen bekommen. Ich halte es für wahrscheinlich, daß sie in Spanien in den höheren Teilen der Gebirge auftreten werden, da ja dort von verschiedenen Gebirgen sogar echte Gletscherspuren bekannt sind (z. B. Sierra Guadarrama). Dann wird natürlich in den etwas tieferen Teilen das periglaziale Klima geherrscht haben, das die Voraussetzung für eine ausgiebige Solifluktion ist. Aber in den Gebieten, die ich im folgenden erwähne, ist das offenbar nicht der Fall gewesen.

In Kalabrien ist der Gebirgshang zwischen dem Cap Vaticano und Nicotera auf einer ziemlich großen Strecke über der Eisenbahn mit rundlichen Granitblöcken bestreut, die sicher zum allergrößten Teil an Ort und Stelle durch Verwitterung herausgeschält sind und keine Spur einer Anordnung in Strömen zeigen. Da ich dies Gebiet nur von der Eisenbahn aus gesehen habe, kann ich auch nicht ausschließen, daß stellenweise die Blöcke zu diluvialen Schotterbildungen gehören (Terrassen!). Bei der Hauptmenge der Vorkommen, die man ja aus nächster Nähe von der Bahn aus sieht, ist das ausgeschlossen.

In Toledo (Spanien) ging ich über den Puente de S. Martín und auf der anderen Seite des Tajo zum Heiligtum der Virgen del Valle, von dort über die Hochfläche zum Kloster Cisla und schließlich über das Castillo San Servando nach Toledo zurück. Das ganze Gebiet besteht wesentlich aus Granit und von diesem injizierten und metamorphosierten Schiefern. Die Hänge sind oft in ziemlicher Ausdehnung ganz ähnlich wie in Kalabrien von Granitblöcken bestreut. Aber ich sah nie, auch nicht an den manchmal ziemlich steilen Hängen der Seitentäler des Tajo ein echtes Blockmeer. Selbst wenn ein vorragender Fels ganz in Blöcke aufgelöst ist, sind noch deutlich die alten Fugen zu erkennen, und die Blöcke sind also an Ort und Stelle liegengeblieben. Es fehlt eben die Solifluktion, die sie in Bewegung gesetzt hätte. Auch hier ist der Granit an der Oberfläche verwittert, in den Senken manchmal auch tiefgründig, wenn auch nicht annähernd in dem Maße wie in Kalabrien. Die Vegetation ist sehr spärlich, ja sie hat oft den Charakter einer Steppenvegetation. Sie könnte also die Abspülung des zwischen den Blöcken liegenden verwitterten Gesteinsmateriales nicht hindern. Es regnet dort freilich sicher nicht viel. Denn auf die Mauern aus losen Steinen sind manchmal Mauern aus Lehm aufgesetzt. Aber die Niederschläge sollen plötzlich und ziemlich heftig fallen, würden also gerade die Herausspülung und den Transport der Blöcke leichter ausführen können als gleichmäßig verteilte schwache Regen.

Auffällig war hier wie in dem Gebiet, durch das man von Madrid zum Eskorial fährt, die Häufigkeit stark gerundeter, an Rundhöcker erinnernder Felsen aus Granit. Sie haben aber natürlich nicht das mindeste mit Glazialerscheinungen zu tun. Auf der Fahrt zum Eskorial erreicht man schon lange vor diesem die Granithänge des tieferen Fußes des Guadarramagebirges. Auch hier sind Blockstreuungen ganz ähnlicher Art wie die von Toledo beschriebenen zu sehen. Eigentliche Block-

Granitwollsäcke in situ km 12,9 der Straße nach Villaviciosa
Sierra Morena (gegen N).

meere sah ich nicht, auch nicht oberhalb des Eskorial. Aber freilich habe ich die höheren Teile der Sierra Guadarrama nicht kennengelernt.

Ein weiteres Granitgebiet mit typischen Blockstreuungen sah ich in dem Massiv von Santa Elena von der Bahn südlich des berühmten Engpasses von Despeñaperros auf der Strecke nach Baeza. Dies Gebiet dürfte eine Meereshöhe von etwa 5—600 m haben, und doch fehlen auch hier eigentliche Felsenmeere ganz, wenigstens soweit ich das von der dort ja erfreulicherweise sehr langsam fahrenden Bahn aus beobachten konnte.

Endlich konnte ich unter der ausgezeichneten Führung des Herrn A. Carbonell auf einer der offiziellen Exkursionen des internationalen

Kongresses ein Granitgebiet mit typischen Blockstreuungen teils vom Automobil aus sehen, teils zu Fuße begehen. Es ist das Granitgebiet des Pedro Lôpez (640 m) in der Sierra Morena, von dem ich dank dem freundlichen Entgegenkommen des Herrn Prof. Ernst Kraus in Riga eine von ihm bei der Exkursion gemachte Aufnahme beigeben kann. Sie zeigt recht deutlich die Blockbestreuung des Hanges, die wirklich nur bei sehr flüchtiger Betrachtung an die stromartig angeordneten Felsenmeere, J. G. Anderssons „Stone Rivers" erinnern kann. Das Bild ist bei Kilometer 12,9 an der Straße nach Villaviciosa aufgenommen. Es dürfte nicht weit von der Stelle sein, von der das Bild des Kongreßführers A. 4 (S. 163) stammt (La linea tectónica del Guadalquivir, Madrid 1926).

Die Zahl der Beispiele dürfte genügen, um zu zeigen, daß unter den klimatischen Verhältnissen, die in den angeführten Gebieten Spaniens und Italiens herrschen und im Diluvium herrschten, zwar blockförmige Verwitterung die Granitoberfläche umgestaltet hat, daß aber der Faktor fehlt, der die Blöcke in Blockströmen ansammelt. Dieser Faktor ist nach meiner Überzeugung die Solifluktion; und gerade in Spanien ist eine ausgezeichnete Gelegenheit, das nachzuprüfen, indem man in Gebirgen wie der Sierra Guadarrama unten Blockstreuung, von einer gewissen Meereshöhe an aber echte Blockströme finden könnte.

FSC
www.fsc.org
MIX
Papier | Fördert gute Waldnutzung
FSC® C083411

Kolibri 360 GmbH
Ferdinand-Jühlke-Straße 7
99095 Erfurt, Deutschland
produktsicherheit@kolibri360.de